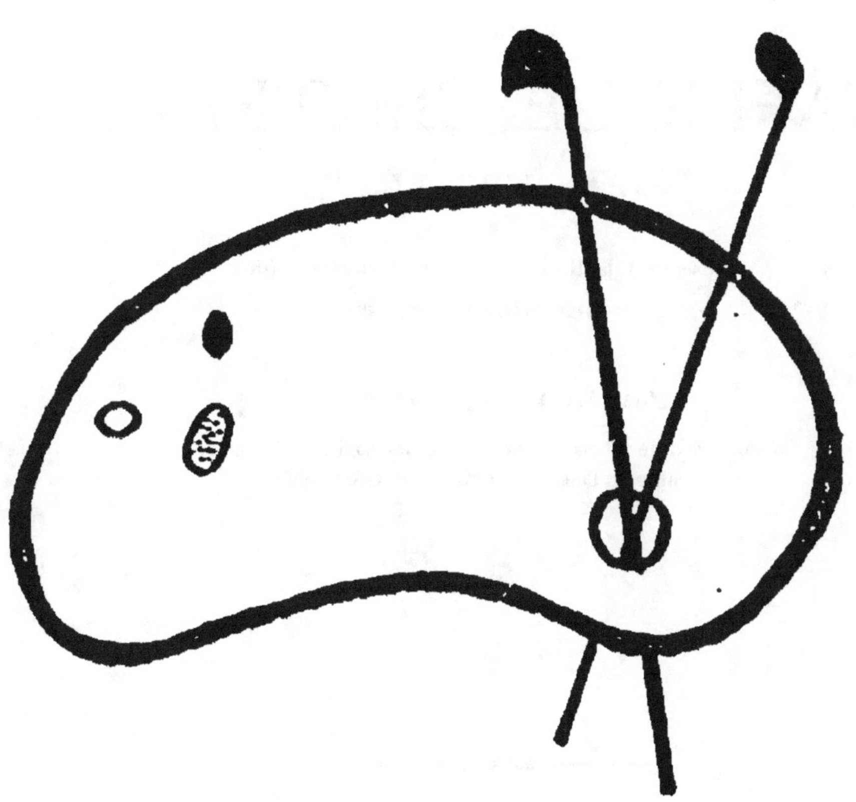

DÉBUT D'UNE SÉRIE DE DOCUMENTS
EN COULEUR

UNION GÉOGRAPHIQUE DU NORD DE LA FRANCE.

PROJET D'EXPLORATION

DANS

L'AFRIQUE CENTRALE

PAR L'OUELLÉ,

Présenté à la Société de Géographie de Lille
(assemblée générale du 3 août 1881).

Par Léon LACROIX,

Pharmacien de 1re classe, ex-interne des hôpitaux de Paris,
Membre du Comité de la Société de Géographie.

LILLE
IMPRIMERIE L. DANEL.

1881

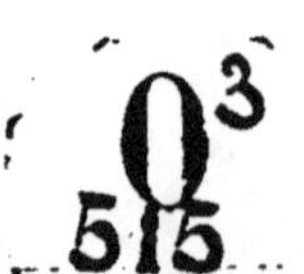

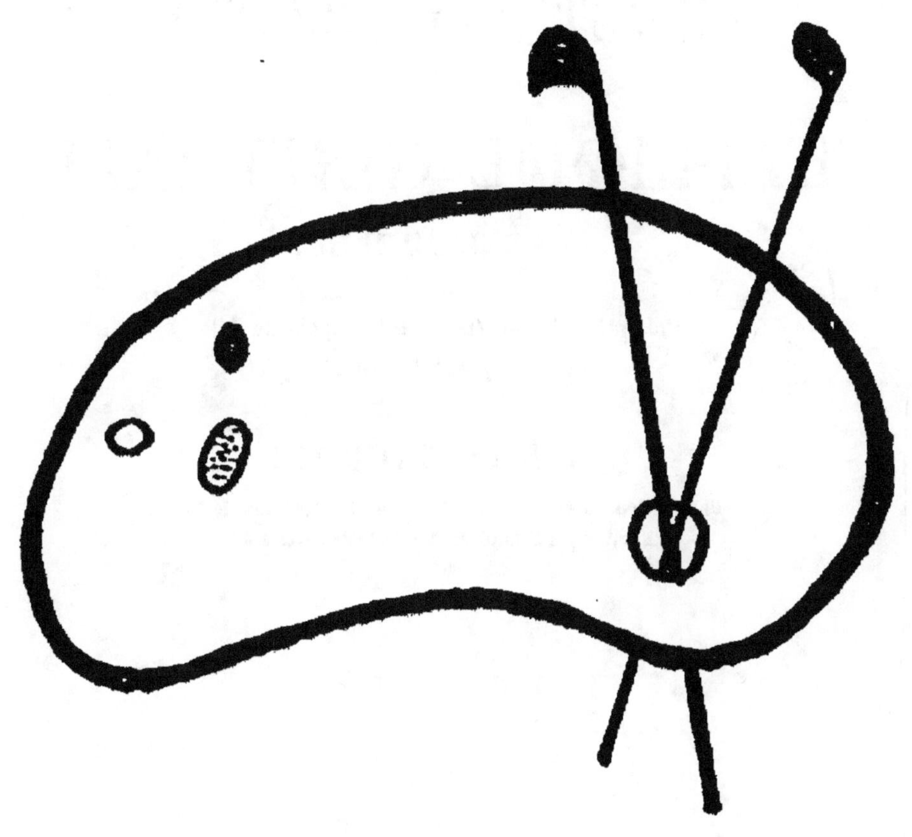

FIN D'UNE SÉRIE DE DOCUMENTS
EN COULEUR

PROJET D'EXPLORATION

DANS

L'AFRIQUE CENTRALE

PAR L'OUELLÉ,

Présenté à la Société de Géographie de Lille
(assemblée générale du 3 août 1880).

Par Léon LACROIX,

Pharmacien de 1ʳᵉ classe, ex-interne des hôpitaux de Paris,
Membre du Comité de la Société de Géographie.

LILLE

IMPRIMERIE L. DANEL.

1881

Lettre adressée par M. L. Lacroix à M. le Président de la Société de Géographie de Lille.

Lille, le 3 août 1880.

Monsieur le Président,

« J'ai l'honneur de présenter à la Société de Géographie, pour inaugurer ses travaux, un projet d'exploration dans l'Afrique centrale par l'Ouellé.

» Si la Société veut bien l'honorer de son approbation et lui accorder l'appui de son influence morale, je ne doute pas que nous ne réussissions à organiser cette périlleuse mais patriotique expédition.

» On trouvera dans ce projet, où j'ai cherché à résumer l'état actuel de la science sur la question, des détails qui seront, je crois, intéressants pour tous, et pourront être utiles à celui qui un jour tentera cette entreprise.

» Que cette exploration soit l'œuvre d'un homme, ou qu'elle soit placée sous le patronage et la direction de la Société de Géographie, je sollicite dès aujourd'hui, Monsieur le Président, l'honneur d'y prendre part, d'affronter les fatigues, les privations, les déboires, les souffrances physiques et morales, et les dangers de toutes sortes qui surgiront à chaque pas durant ce long voyage.

» J'ose espérer, Monsieur le Président, que vous voudrez bien faire bon accueil à ce projet, qui intéresse non seulement la science et le Sociétés de géographie, mais encore la France entière, par l'importance qu'il présente au point de vue de notre avenir national en Afrique.

» Veuillez agréer, Monsieur le Président, l'expression de mes sentiments respectueux.

» L. LACROIX. »

———

Après la lecture de cette lettre, M. le Président CREPY donne la parole à M. LACROIX, qui développe et explique son projet sur une carte dressée tout exprès.

PROJET D'EXPLORATION
DANS L'AFRIQUE CENTRALE
par l'Ouellé.

Présenté à la Société de Géographie de Lille (assemblée générale du 3 août 1880),

Par Léon LACROIX,

Pharmacien de 1re classe, ex-interne des hôpitaux de Paris,
Membre du Comité de la Société de Géographie.

———

Nous pouvons encore aujourd'hui considérer comme inconnue toute la partie de l'Afrique Centrale comprise entre les lacs Tanganicka, Albert Nyanza, le bassin du Bahr-el-Ghazal, le cours moyen du Scharry, le lac de Tchad, la Benouée et la côte du Golfe de Guinée.

Stanley nous a révélé le cours du Congo, mais il a laissé au Nord et au Sud, à l'Ouest et à l'Est, d'immenses régions encore mystérieuses.

Le régime des eaux de l'Afrique Australe est à peu près connu, grâce aux remarquables explorations de Livingstone, de Cameron et de Stanley, qui a jeté sur la question une vive lumière, en fixant le cours du Congo, et enfin plus récemment grâce à celle du Portugais Serpa-Pinto. Mais une obscurité complète règne encore sur le régime hydrographique du pays situé entre le Congo et le Scharry.

On sait, par le deuxième voyage de Stanley, que le Congo reçoit de nombreux et importants affluents par ses deux rives. Si nous ne connaissons pas mieux les tributaires de la rive gauche, pris isolément, que ceux de la rive droite, nous nous rendons au moins facilement compte du régime hydrographique qui les régit, tandis que nous ignorons les limites du bassin du Congo vers le Nord.

Qu'existe-t-il dans la région qui s'étend du Livingstone au cours moyen du Scharry, de l'Ouellé au Golfe de Guinée ? Est-ce la continuation de la région des grands lacs ? Y a-t-il, là encore, quelques-unes de ces immensités lacustres, de ces mers intérieures, dont le pays nous offre tant et de si remarquables exemples ? La contrée est-elle couverte d'impénétrables forêts ou de ces prairies marécageuses, fécondes en fièvres paludéennes, si meurtrières pour les Européens? Ou bien au contraire ces fameuses mais problématiques montagnes de la Lune, que les Anciens jetaient en travers de l'Afrique, existeraient-elles réellement? Nous l'ignorons et ne pouvons faire que des hypothèses à ce sujet.

Il serait cependant d'un haut intérêt géographique d'éclaircir cette question, la plus importante mais peut-être aussi la plus difficile à résoudre.

L'Ouellé. — Un peu au-dessous de 4° latitude nord existe une rivière qui paraît descendre des Montagnes Bleues ou sortir de l'Albert-Nyanza. Cette rivière est l'Ouellé, bien reconnu par Schweinfurth en 1870 et par Miani en 1872. Une connaissance plus étendue de ce fleuve nous fournirait d'utiles renseignements et donnerait peut-être l'explication complète du système des eaux de cette partie de l'Afrique.

L'Ouellé, vers 26° longitude orientale, à une distance qui n'est pas considérable de sa source, c'est-à-dire des Montagnes Bleues, d'où il paraît descendre, l'Ouellé, dis-je, forme déjà une rivière importante. Au moment de ses plus basses eaux, au mois de mars, sa largeur est encore de 800 pieds, d'après les renseignements fournis par Schweinfurth. Sa profondeur est de 12 à 15 pieds; ses ondes sont tumultueuses. C'est un fleuve majestueux et puissant. Il éveilla dans l'esprit de Schweinfurth, lorsqu'il le vit pour la première fois, le 19 mars 1870, la même émotion qu'éprouva Mungo-Park en arrivant au Niger le 20 juillet 1796.

Son cours n'est connu que sur une étendue très limitée. On suppose qu'il s'unit au Mbrouellé, qui coule à quelques lieues plus au Nord, se dirigeant comme lui vers l'Ouest. Nous ne savons rien de positif sur ce fleuve.

Nous examinerons cependant les principales hypothèses que l'on peut faire sur la destination de l'Ouellé, les faits sur lesquels elles s'appuient et les conclusions que l'on en peut tirer.

1° Schweinfurth, après avoir considéré l'Ouellé comme le cours supérieur de la Benouée, en a fait le cours supérieur du Scharry: parce que, dit-il, d'où viendrait celui-ci? Où trouverait-on, en dehors de l'Ouellé, une masse d'eau assez considérable pour alimenter une rivière de 800 mètres de large (le Scharry) et entretenir un lac égal en étendue à la Belgique (le lac de Tchad)? Malheureusement pour cette opinion le Scharry a ses crues en mars. Or le mois de mars est précisément, ainsi que l'a reconnu Schweinfurth lui-même, le moment des plus basses eaux de l'Ouellé, qui ne commence à monter qu'en avril. L'on ne peut raisonablement admettre que les crues d'un fleuve débutent par son cours inférieur.

Ce fait, qui a lui seul me paraît établir une distinction entre les deux rivières, n'a pas échappé à Schweinfurth. Il cherche à l'expliquer en supposant une autre branche importante, venant d'une latitude plus méridionale qui déterminerait cette crue hâtive. Indépendamment de ce que la connaissance que nous avons aujourd'hui du Congo s'oppose à l'existence d'une branche plus méridionale, l'explication de Schweinfurth n'est-elle pas en contradiction avec le fait même sur lequel il appuie l'identité des deux rivières ? Il est clair en effet que s'il y a d'autres branches, assez importantes pour déterminer les crues du Scharry, ces mêmes branches sont assez puissantes pour l'alimenter.

L'opinion de Schweinfurth semble concorder avec celle du Dr Barth, qui nous a légué sur le Scharry tant et de si précieux renseignements. Mais les données qu'ils nous a apportées sur l'origine du fleuve sont très vagues et très incertaines, provenant des gens illettrés qui l'accompagnaient en qualité de porteurs et ne méritent qu'un crédit fort limité. D'autant mieux que le Kubanda, qu'il considère comme le cours supérieur du Scharry et qu'il place vers 3° latitude nord, coulerait sous l'Équateur, d'après le faki Sambo, qui l'a visité. Le Kubanda ne serait autre que le Congo.

Nous pouvons donc, je crois, tout en puisant d'utiles renseignements dans les notes de Schweinfurth, rejeter son opinion sur la destination de l'Ouellé, comme étant peu vraisemblable. D'autant mieux qu'une rivière rapide, large de 300 mètres à ses plus basses eaux, augmentée de tous les cours d'eau qu'elle recevrait sur un parcours de 400 ou 500 lieues et s'unissant à d'autres branches aussi importantes qu'elle-même, constituerait un fleuve plus considérable encore que le Scharry, malgré sa puissance réelle qui en fait un des fleuves les plus importants de l'Afrique.

II. Pétermann émet l'opinion contraire à celle de Schweinfurth. Il englobe l'Ouellé dans le bassin du Congo. Stanley, précisant la question, en fait le cours supérieur de l'Arouhouimi, principal affluent de la rive droite du Livingstone, qui se joint à lui vers 1° latitude nord et 21° longitude orientale.

Stanley, en cela comme en tout, est fort catégorique : « Je n'hésite

« pas, dit-il, en parlant de l'Arouhouimi, à déclarer que c'est l'Ouellé
« de Schweinfurth. » Quant aux renseignements recueillis par
Schweinfurth, il en fait bon marché. « Le renseignement, dit-il, que ce
« voyageur a reçu des Indigènes à savoir que l'Ouellé, a une grande
« distance du pays des Mombouttous, s'élargit et forme une nappe
« d'eau d'une étendue illimitée ; que sa direction générale est à l'ouest
« ou au nord-ouest', ne mérite pas plus de créance que celui qui m'a
« été donné sur la rive du Livingstone, où les indigènes me disaient
« que le grand fleuve coulait au nord, toujours au nord. » Il suppose
que l'Ouellé reçoit les eaux de l'extrémité nord-est du bassin du
Livingstone, qu'il coule d'abord au nord-ouest et à l'ouest, pendant un
degré ou deux, et qu'il se détourne au sud-ouest, pour gagner le
Congo.

Stanley appuie son hypothèse de la courbe de l'Ouellé sur ce fait,
que le Congo et ses affluents font aussi des courbes considérables, et
que ces courbes constituent, en quelque sorte, un caractère particulier
du système fluvial du Livingstone.

J'avoue que ce raisonnement me paraît spécieux. D'abord rien ne
prouve ces courbes présumées dans les autres affluents de la rive
droite, qui sont tous à peu près inconnus. Et puis il ne suit pas, de ce
que quelques cours d'eau font des courbes, que les autres doivent en
faire. Cette courbe pourrait d'ailleurs exister et se produire dans une
rivière plus méridionale que l'Ouellé.

Stanley appuie encore son assertion sur la similitude de mœurs des
peuplades riveraines de l'Arouhouimi et de l'Ouellé, et cite entre
autres caractères communs aux deux peuples le cannibalisme, une
supériorité artistique et industrielle, leurs armes, leurs idoles, la forme
de leurs canots et enfin la hauteur et la circonférence prodigieuses des
arbres et les caractères de la végétation, qui ressemble, dit-il, à ce
qu'a écrit Schweinfurth de la flore du pays des Mombouttous.

1° Le Cannibalisme est en effet commun aux deux peuples ; mais à
eux malheureusement ne se borne pas cette horrible coutume. Elle se
retrouve dans presque toute l'Afrique centrale ; et la plupart des
exceptions que l'on cite pourraient bien être dues aux soins jaloux que
certains indigènes mettent à cacher, aux étrangers leur monstrueux
appétit pour la viande et pour la nôtre en particulier. Le cannibalisme
se rencontre d'ailleurs dans beaucoup d'autres pays, en Australie, dans
presque toute l'Océanie et même dans l'Amérique du Sud, ainsi que l'a
constaté le D' Crevaux dans son dernier voyage d'exploration à la
Guyane.

L'argument de Stanley n'est donc pas concluant, il est rationnel, mais la déduction qu'il en tire reste simplement dans le domaine du possible.

2° A l'argument tiré de la supériorité artistique et industrielle, je répondrai que l'on trouve, dans un grand nombre d'autres peuplades de l'Afrique centrale, des ouvriers relativement fort habiles. Baker a constaté les mêmes capacités au-delà de l'Albert Nyanza et du Nil Blanc : Les Létoukiens et les Berris, dit-il, sont de très habiles forgerons et obtiennent des résultats qui étonneraient un ouvrier anglais, s'il songeait à l'infériorité de leurs outils. On ne peut donc pas arguer utilement de caractères qui se retrouvent chez tant d'autres peuples. Nous trouverons des ressemblances et des caractères bien plus tranchés et plus exclusifs dans une prochaine hypothèse.

3° Quant à l'identité de la flore des bords de l'Ouellé et de l'Arouhouimi, je ne puis la discuter, Stanley ne l'ayant pas décrite. Je n'oserais même pas affirmer que ce voyageur ait eu les loisirs de l'étudier, quand je pense dans quelles circonstances il a visité ce fleuve. Il ne faut pas oublier que c'est à l'embouchure de l'Arouhouimi qu'il a livré un de ses plus terribles combats.

Nachtigal a aussi émis l'opinion que le Bahr-Kuta, considéré comme la réunion de l'Ouellé et du Mbrouellé, pourrait aller au Congo : mais il a aussi fait l'hypothèse qu'il pourrait être le cours supérieur de la Benouée. Dans tous les cas la portion de rivière reconnue vers 21° longitude orientale ne saurait être l'Arouhouimi.

III. *L'Ouellé irait à l'Océan par la Benouée et peut être aussi par l'Ogôoué.* Voici l'hypothèse que je fais, qui me paraît présenter plus de vraisemblance que les autres et que je me propose de développer.

L'Ouellé serait le cours supérieur de la Benouée. Il alimenterait le lac Liba, qui donnerait à ses eaux plusieurs issues: la principale, beaucoup plus importante que les autres, formerait la Benouée, une autre, moins considérable, donnerait des eaux à un des affluents de l'Ogôoué, probablement l'Okono, mais peut être l'Ivindo.

Cette triple hypothèse A. B. C. [1] s'appuie :

A. — 1° Sur les documents fournis par les frères Poncet. Plusieurs

---

[1] A. Hypothèse de l'Ouellé cours supérieur de la Benouée.
B. Hypothèse d'un grand lac.
C. Hypothèse de la communication avec l'Ogôoué.

années avant Schweinfurth, ces deux Français, se dirigeant du Nil vers l'Ouest et le Sud-Ouest, franchissent le Djiour et tout le pays des Niams-Niams. Après cinq ou six jours de marche au-delà de ces derniers peuples, à travers un pays inhabité, ils arrivent sur les bords d'une large rivière, aussi puissante que le Nil supérieur. Cette rivière, appelée Boura ou Baboura, est située à 200 lieues environs du Nil Blanc, entre 4° et 5° latitude nord et 22° et 23° longitude orientale. C'est évidemment l'Ouellé de Schweinfurth, et le Bahr-Kuta de Nachtigal.

Les frères Poncet ont exploré assez loin cette rivière. D'après ce qu'ils ont vu et les renseignements qu'ils ont recueillis, elle se bifurquerait vers 5° Nord, pour fournir au Scharry une petite branche, le Soué ; tandis que la branche principale, beaucoup plus importante, poursuivrait plus à l'Ouest, jusqu'à un grand lac, le Birka Metouaset. Ce lac, qui n'est autre que le lac Liba ou Koei-Dabo, dont nous parlerons bientôt, serait aux trois quarts marécageux. Il donnerait deux issues à ses eaux, une au Nord, le Bagoum ou Babaï, affluent du Scharry, et une à l'Ouest plus importante, qui donnerait naissance à la Benouée.

2° Sur les renseignements recueillis par Schweinfurth, d'où il résulterait que l'Ouellé se dirige à l'ouest, toujours à l'ouest ou au nord-ouest. Il coulerait donc dans la direction de la Benouée. Si ces indications ne méritent pas une créance absolue, et je suis loin de la leur accorder, elles méritent cependant d'être mentionnées.

Elles sont d'ailleurs en partie confirmées par la présence reconnue d'une rivière allant à l'ouest, le Bahr-Kuta, entre 4° et 5° latitude nord, et 21° et 22° longitude est. Cette rivière serait donc dans la direction annoncée à Schweinfurth.

3° Sur les récentes découvertes du Dʳ Panagiotes-Potagos, qui a parcouru pendant deux ans les contrées situées au sud du Darfour et à l'ouest du bassin du Bahr-el-Ghazal, entre 10° et 3° latitude nord. Ce voyageur a pu affirmer la direction occidentale de la rivière, qu'il appelle Béré, jusqu'à 20° 40' longitude orientale. L'hypothèse de Stanley devient donc inadmissible et celle de Petermann perd du même coup beaucoup de consistance.

D'autre part le Dʳ Potagos a reconnu au Béré ou Ouellé de grands affluents lui venant du nord, notamment le Bomo-Beti, l'Oura et le Tzigo, qu'il a maintes fois traversés. La direction de ces cours d'eau indique donc un mouvement déclive du terrain vers le sud, ce qui confirme encore la distinction du Scharry et de l'Ouellé, déjà établie par les époques de leurs crues respectives. Il n'est pas admissible en effet qu'un fleuve coule en sens inverse de ses affluents et se dirige au nord lorsque ses tributaires en viennent.

Il ne reste donc plus dès à présent que l'hypothèse que j'avais exposée, avant même que les découvertes du Dr Potagos ne me fussent connues, à savoir que l'Ouellé gagne l'Océan (1).

4° Sur les relations qui existent entre les connaissances que nous avons sur la Benouée et sur l'Ouellé.

Nous avons vu au début de ce mémoire que l'Ouellé paraît descendre des montagnes Bleues ou sortir de l'Albert-Nyanza. Schweinfurth a positivement reconnu son cours entre 27° et 26° longitude est ; Miani entre 25° et 24° ; les frères Poncet entre 23° et 22° ; Nachtigal l'a déterminé entre 22° et 21° ; enfin le Dr Potagos l'a fixé de 23° à 20°. Que devient-il ensuite ?

En consultant la carte que Petermann a publiée en Allemagne en 1879, dans l'atlas de Stieler, nous voyons qu'il fait sortir de la partie nord-ouest du lac Liba une rivière, qu'il suppose être la Benouée. Il la donne en pointillé sur une longueur d'environ 3 degrés, probablement d'après les données des frères Poncet.

Nous arrivons ainsi en pays relativement connu, si nous le comparons aux régions absolument ignorées, que nous avons traversées si facilement par la pensée. Examinons donc si les renseignements que nous avons sur la Benouée concordent avec ce que nous savons de l'Ouellé.

D'après les documents fournis par le Dr Barth, la Benouée, à la hauteur d'Yola, est un fleuve de 1200 mètres de large, à son état ordinaire, occupant, au moment de ses crues, une étendue de plusieurs

---

(1) Le Dr Panagiotes Potagos a reçu d'un chef indigène, Rafaï, les renseignements suivants : à l'ouest du Tzigo, situé par 20° 40' longitude est, se trouve la rivière de Sabanga, qui coule au sud. Elle irait donc au Bomo, au Béré ou Ouellé. Par conséquent la direction de celui-ci serait encore occidentale.

À l'ouest de la rivière de Sabanga serait la nation des Afno. Enfin à trois journées de marche à l'ouest de Sabanga, c'est-à-dire vers 18° ou 19°, coulerait une grande rivière nommée *Mpokto*. Cette rivière se diviserait en deux bras : l'un irait à l'Océan, tandis que l'autre gagnerait le Scharry à travers la tribu Rinda.

Ces renseignements confirmeraient donc en partie ceux des frères Poncet : Le Mpokto ne serait autre que l'Ouellé, Boura ou Baboura ; tandis que la rivière de Rinda représenterait le Soue des frères Poncet. La branche principale de ceux-ci, continuant à l'ouest pour former la Benouée, irait, d'après les renseignements que Potagos a recueillis, de la bouche de Zouber-Pacha, irait, dis-je, à l'Océan en inclinant vers le sud. *Serait-ce par l'Ogôoué ?* (*Note de l'auteur.*)

heures de marche. Barth lui attribue la puissance du Nil, sinon la longueur. Son courant est rapide, sa profondeur de 9 à 11 pieds à ses plus basses eaux.

Yola est situé vers 9° nord et 11° longitude orientale, c'est-à-dire à 15 degrés environ à l'ouest et à 5 ou 6 degrés environ au nord du point atteint par Schweinfurth sur l'Ouellé. Si ce dernier forme réellement le cours supérieur de la Benouée, il aurait donc à parcourir une distance de près de 20 degrés pour arriver à Yola. Si l'on tient compte des sinuosités que décrit toujours une rivière, on doit estimer son parcours entre ces deux points comme équivalant à environ 25 ou 30 degrés, c'est-à-dire pouvant atteindre 700 ou 800 lieues.

Nous savons aussi par le Dr Barth que les crues périodiques de la Benouée débutent au commencement de juillet et durent jusqu'à la fin de septembre, c'est-à-dire que ses crues se manifestent environ trois mois après celles de l'Ouellé. Sans connaître la vitesse du courant de ce fleuve sur tout son parcours, il n'est pas invraisemblable de lui supposer une vitesse moyenne de 8 à 10 lieues par jour, d'après ce qu'en ont dit Schweinfurth et Barth et en considérant que son altitude est de 2,700 pieds chez les Momboutttous. Ce serait donc au commencement de juillet que ses crues, qui commencent en avril, arriveraient à Yola. C'est précisément à ce moment, nous venons de le voir, que la Benouée commence à monter.

D'autre part, un fleuve aussi considérable que la Benouée vient forcément de loin ; à moins qu'il ne soit le déversoir d'une de ces immenses nappes d'eau de l'Afrique centrale (le lac Liba probablement). Ou bien il roule les eaux tombées au loin et qui, sur un très long parcours, s'écoulent lentement dans son lit, ou bien les pluies, se réunissant de tous les points de la contrée dans un réservoir commun, déterminent l'élévation des eaux du lac, dont les débordements produisent les crues de la Benouée et peuvent même fournir momentanément une branche au Scharry ; ce qui expliquerait l'hypothèse que l'on a faite, que le Scharry vient de ce lac. Ces débordements pourraient même fournir des eaux temporaires au Nil, ainsi qu'on l'a dit au comte d'Escayrac de Lauture.

5° Sur les rapports qui existent entre les productions de la région de l'Ouellé et celles de l'Afrique occidentale.

Vogel, dans son exploration de de la haute Benouée, a rencontré une population cannibale, que les tribus voisines désignaient sous le nom de Niams-Niams. Quoique cette dénomination soit pour ainsi dire synonyme de cannibales et ne signifie rien autre chose que mangeurs, et par extension mangeurs d'hommes, il faut considérer qu'elle n'est pas donnée en général aux antropophages de l'Afrique. Nous devons donc voir dans cette appellation un lien étroit entre les Niams-Niams de la haute Benouée et les Niams-Niams du haut Nil et du Mbrouellé, dont ils seraient les frères.

Aussitôt que Schweinfurth eut franchi la ligne de partage des eaux du Djiour (affluent du Nil) et du Mbrouellé (affluent de l'Ouellé), il rencontra les plantes du Gabon, du Niger et de la Gambie, notamment le *pandanus*, commun dans la flore occidentale, absolument inconnu dans le bassin du Nil.

Il rencontra aussi, pour la première fois, des traces du chimpanzé, qui abonde au Gabon et dans tout l'ouest de l'Afrique, tandis qu'il est absolument étranger à la vallée du Nil. Enfin les indigènes ont souvent décrit à Schweinfurth un animal étrange qui abonde dans le Kibali, principale branche de l'Ouellé. Ils lui donnent le nom de *Kharouf el Bahr* (mouton de rivière). Le Dr Schweinfurth considère cet animal étrange comme étant le lamantin décrit par Vogel, qui le croyait particulier aux rivières de l'ouest de l'Afrique.

Nous parlerons très prochainement de la similitude de type et de mœurs de certains peuples de l'ouest de l'Afrique avec les Niams-Niams, qui habitent les bords de l'Ouellé.

B. — L'hypothèse du lac Liba, inscrit sur les cartes allemandes et françaises vers 5° ou 6° latitude nord et 16° ou 17° longitude orientale, repose :

1° Sur les données fournies par le comte d'Escayrac de Lauture, dans son mémoire sur le Soudan. Il appelle ce lac Koei-Dabo et le place à soixante journées de marche au sud-sud-est de Massena. Au milieu serait une grande île où se serait retiré Soliman-le-Gros, roi de Baguermi, après avoir abdiqué. Il y serait enterré. Ce lac, lui a-t-on dit, donnerait naissance au Scharry et au Nil. La situation qu'il lui donne serait un peu plus orientale que celle fixée hypothétiquement par les cartes actuelles et correspondrait à 18° ou 19° longitude est.

2° Sur les renseignements recueillis par les frères Poncet, qui lui donnent le nom de Birka-Metouasset. Nous avons vu précédemment que ce lac, d'après eux, serait aux trois quarts marécageux, qu'il recevrait le fleuve par sa rive orientale, qu'il donnerait deux issues à ses eaux : une au nord allant au Scharry, l'autre à l'ouest formant la Benouée.

Si nous rapprochons ces données de celles du comte d'Escayrac de Lauture, que ce lac donne aussi des eaux au Nil, on comprendra l'origine de cette séduisante hypothèse d'une communication temporaire entre le Niger et le Nil au moyen des lacs équatoriaux.

3° Sur les renseignements d'indigènes et de commerçants, qui ont appris à Schweinfurth qu'à une très grande distance du pays des Mombouttous, l'Ouellé s'élargit et forme une nappe d'eau d'une étendue illimitée. Or ce lac se trouverait précisément situé à l'ouest-nord-ouest et à une très-grande distance du pays des Mombouttous, puisque environ dix degrés séparent les deux pays.

Si l'on n'est pas fixé sur la situation précise, sur la forme et la dimension de ce lac, il est plus que probable qu'une nappe d'eau existe dans ces parages. Si son existence n'est pas absolument certaine, elle est tout au moins des plus vraisemblables.

C. — L'hypothèse d'une branche se dirigeant sur l'Ogôoué repose sur l'analogie des productions de la région de l'Ouellé avec celles du Gabon, et tout particulièrement sur la similitude de type et de mœurs qui existe entre les Fans ou Pahouins du Gabon et les Niams-Niams du haut Nil; analogie telle, qu'elle indique une communication certaine entre les deux pays.

Les vallées parcourues par les fleuves constituent pour les peuples des chemins naturels, des grandes voies de communication. Il est donc probable que les Niams-Niams qui habitent le versant de l'Ouellé et du Mbrouellé ont suivi le cours du fleuve, chassant devant eux les peuplades qu'ils rencontraient et sont venus s'établir sur les bords de la haute Benouée, en contournant le lac Liba, tandis qu'une autre partie de l'invasion, rejetée vers le sud-ouest, par la rive méridionale du lac, est venue, en suivant une autre vallée, s'établir plus près de la côte. Là ils ont donné naissance aux Fans ou Pahouins, qui de nos jours encore se rapprochent de plus en plus de la mer.

Ces peuplades présentent en effet avec les Niams-Niams une remarquable similitude de type et de mœurs et paraissent, de leur propre aveu, venir de l'est-nord-est. Cet air sauvage et martial commun aux deux peuples est d'autant plus remarquable qu'il constitue un *type caractérisé, ce qui est extrêmement rare chez l'Africain.* Chez eux tout homme est chasseur comme il est soldat. Les Niams-Niams et les Fans sont moins démoralisés que les autres peuples du même ordre. Ils professent pour leurs femmes une affection absolument sans pareille chez les autres tribus de l'Afrique, qui considèrent la femme, non

comme une compagne, mais comme une esclave, je dirai même comme
une chose, comme une richesse qu'ils exploitent et dont ils tirent
parti.

Aussi les traitants usent-ils et abusent-ils de cet attachement des
Niams-Niams envers leurs épouses, pour s'emparer de celles-ci et
obtenir de leurs maris tout ce qu'ils désirent, en les retenant en otage.
Les femmes de leur côté sont plus discrètes et plus réservées qu'elles
ne le sont chez les peuples voisins.

Les caractères qu'ils présentent, dit Schweinfurth, sont tellement
tranchés, qu'on les reconnaît immédiatement au milieu des foules les
plus nombreuses.

Pendant que tous les explorateurs ont constaté chez les autres
peuples de l'Afrique une mauvaise foi et une déloyauté insignes, un
penchant irrésistible au vol et à la tromperie, Schweinfurth a trouvé
chez les Niams-Niams un sentiment nettement accusé de loyauté, de
probité, de fidélité à leurs engagements, ce qui en fait des auxiliaires
recherchés et précieux pour les caravanes, qui les enrôlent comme
soldats.

De son côté Savorgnan de Brazza a constaté cette même franchise,
cette même loyauté presque chevaleresque chez les Fans du Gabon, et
il en fait l'éloge. Il cite particulièrement la conduite de Zabouret,
neveu du chef fan Mamiaka, qui se constitua lui-même en otage, pour
permettre de rechercher deux Sénégalais épuisés, qui étaient restés
en arrière.

Ces deux peuples acceptent volontiers des relations amicales avec
es étrangers; ils sont susceptibles d'attachement et restent fidèles à
leurs amitiés. *Ils ont tous deux le teint cuivré.* Ils sont anthropophages,
et leur cannibalisme est identique. Ils mangent leurs prisonniers de
guerre. Les uns et les autres trafiquent de leurs morts. Ils ne rejettent
absolument de leur alimentation que ceux qui meurent de maladies de
la peau. On a même cité chez les deux peuples des exemples de
cadavres qu'ils ont déterrés pour en faire leur pâture.

Les deux peuples se font limer les dents en pointes, pour les rendre
plus tranchantes et plus efficaces dans les combats. On ne voit chez
eux, en dehors de cet usage, aucune de ces hideuses mutilations que se
font les autres peuples de l'Afrique centrale.

Ils portent tous les deux des vêtements d'écorce et de peaux de bêtes.
Ils se teignent la peau avec l'extrait d'un même bois rouge. *Leur che-
velure, qu'ils portent en longues nattes, est unique dans toute*

l'Afrique centrale par sa longueur exceptionnelle, car tous les autres peuples ont les cheveux courts et crépus.

Leur tambour est le même, une espèce de harpe ou mandoline constitue pour les uns et les autres le principal instrument de musique. Leurs danses sont identiques. Au moment de la pleine lune, ils se livrent les uns et les autres à des orgies qui ne diffèrent en rien dans les deux pays, où les arrangements domestiques sont les mêmes

La dépouille du léopard est un signe de distinction réservé aux chefs. Ni un Niam-Niam ni un l'an, simple particulier, ne jouissant d'aucun titre honorifique, n'oserait se parer de la dépouille de cet animal, qui est considéré comme sacré chez un grand nombre de peuples de l'ouest.

Leurs armes sont les mêmes. Si l'on compare celles qu'a rapportées Alfred Marche avec celles décrites par Schweinfurth, on voit qu'elles appartiennent aux mêmes peuples. Le troumbache des Niams-Niams, dont j'ignore le nom chez les Fans, est surtout caractéristique.

Il est hors de doute que ces deux peuples ont une même origine, quoiqu'un espace de 800 lieues les sépare. Ils forment un type, une race à caractères trop tranchés, ils sont trop différents des autres Africains, pour n'en être pas distingués et n'être pas rangés ensemble dans une classe à part, provenant d'une même souche.

Toutes ces considérations plaident en faveur de l'existence d'une vallée parcourue par les vents, qui ont transporté d'un pays à l'autre les plantes qui leur sont communes. Cette vallée a facilité les migrations des peuples, tandis que les eaux qui la traversent ont fourni un moyen de transport naturel aux plantes aquatiques ainsi qu'aux animaux du fleuve, le lamantin de Vogel entre autres.

Je regarde donc comme probable que l'Ouellé est le cours supérieur de la Benouée ; qu'il se dirige à l'Ouest-Nord-Ouest, qu'il alimente un lac, et qu'il en sort pour former la Benouée. Je considère aussi comme probable qu'une autre vallée partant de ce lac se dirige sur l'Ogôoué.

Sans aucun doute quelque rivière importante parcourt cette vallée, soit qu'elle se jette dans le lac, soit qu'elle en sorte. La plupart des cartes mentionnent une rivière occidentale désignée sous les noms de Nen, Nun, Lifum, Liba, etc., qui s'y jette suivant les uns, qui en sort suivant les autres.

Peut-être les rivières découvertes en 1878 par M. de Brazza, l'Alima et la Licona, au lieu de se jeter dans le Congo, comme on le suppose et comme tout porte à le croire, se dirigent-elles au Nord pour se jeter dans le Liba?

Mais il est plus vraisemblable : ou bien que le lac reçoit du Sud-Ouest un cours d'eau dont la source serait proche de celle de l'Okono ou de tout autre affluent de l'Ogôoué, puisqu'il y a très vraisemblablement communication facile entre ce fleuve et le Liba ; ou bien que cette rivière, coulant en sens inverse de la direction que nous venons d'indiquer, sort du lac et se dirige au Sud-Ouest, pour former un des affluents de l'Ogôoué, l'Okono, ou l'Ivindo.

Des renseignements recueillis par Marche et de Compiègne il résulte que l'Ivindo viendrait d'un grand lac situé à l'Est ; mais la distance à laquelle on place cette nappe d'eau ne permet pas de la confondre avec le Liba. L'Okono, dont les rives sont habitées par les Fans, me paraît plus propre à établir cette communication avec le lac.

Quoiqu'il en soit de ces diverses hypothèses, il n'en est pas moins extrêmement probable qu'une communication naturelle existe entre le pays des Niams-Niams et notre colonie du Gabon. L'existence de cette communication, démontrée par l'arrivée des Fans, fait ressortir l'importance de cette exploration au point de vue de notre établissement en Afrique. Il s'agit pour nous non seulement d'une question scientifique, mais encore d'une question d'avenir national.

Pendant qu'une voie ferrée va relier notre colonie du Sénégal à l'Algérie, en passant par Timbouctou, une ligne de communication du Gabon à la vallée du Nil, à travers l'Afrique équatoriale, par des alliances et des relations suivies avec les chefs de ces pays, soumis à notre influence, et par l'établissement de comptoirs de distance en distance, enfermerait l'Afrique septentrionale dans une immense ceinture de stations françaises. Savorgnan de Brazza organise en ce moment sur l'Ogôoué un poste qui serait la première maille de ce vaste réseau. De là notre langue et notre prépondérance se propageraient sur cet immense continent, où, trop à l'étroit sur notre sol, nous trouverions un libre essor, de larges débouchés, des richesses inépuisables et une alimentation plus que suffisante à notre activité commerciale et industrielle. Enfin nous préparerions à la France de grandes ressources pour l'avenir et peut-être une formidable puissance.

Si nos suppositions sont fondées, leur démonstration résoudrait le problème du régime des eaux de l'Afrique. L'on fixerait du même coup les limites du bassin du Congo, de la Benouée, du Scharry et de la rive gauche du Nil.

Dans tous les cas le cours de l'Ouellé nous conduirait au centre du continent noir, dans ces mystérieuses régions où dorment tant d'immenses richesses, que le commerce et la civilisation peuvent seuls rendre fécondes.

J'ai donc l'honneur de proposer à la Société de Géographie l'exploration de l'Ouellé.

Le programme que j'ai l'honneur de soumettre à la Société consiste à remonter le Nil jusqu'au lac Nô, puis le Bahr-el-Ghazal jusqu'à son confluent avec le Djiour, à moins que des renseignements ultérieurs ne déterminent à poursuivre sur le Bahr-el-Arab. On suivra le plus haut possible le bassin du Djiour, dont un des affluents se rapproche à 7 ou 8 kilomètres du Mbrouellé.

L'on transportera le matériel sur ce dernier cours d'eau avec l'aide des indigènes, et l'on gagnera l'Océan à travers les régions inconnues dont nous venons de parler.

Tel est le programme que je me propose de développer.

Tout d'abord je me prononce pour l'exploration par eau, afin de faciliter la surveillance et de supprimer les porteurs, qui sont le principal obstacle de ces voyages. Quel travail, quels soucis, que la direction et le maintien de 300 ou 400 porteurs au moins, qui suffiraient à peine à une pareille entreprise ! Combien plus utilement seront employés l'énergie et les efforts, qui seraient consacrés à subvenir à la subsistance d'un aussi nombreux personnel, dont il faut à chaque pas empêcher la fuite, reprimer le vol et la trahison !

Tandis que 30 ou 40 hommes, sachant manier la rame et le fusil, suffiront, je crois, pour accomplir cette entreprise ; car il faut à tout prix éviter toute collision avec les naturels. C'est par une attitude bienveillante mais ferme, par la douceur et la modération, les cadeaux, que l'on ouvrira ces contrées au commerce et à la civilisation ; les armes ne doivent servir qu'à tenir les sauvages en respect et dans les cas extrêmes de légitime défense.

Je propose d'aborder le fleuve par en haut parce qu'il est plus facile de suivre le cours d'une rivière que d'en remonter le courant.

Un autre motif, conséquence du premier, c'est que si la force des choses, une nécessité absolue obligeait, en remontant le fleuve, à recourir aux armes, il serait presque impossible de forcer un passage, même faiblement défendu, l'on serait vite abandonné par ses compagnons, qui profiteraient de la première difficulté, pour chercher dans la descente du fleuve une retraite commode et·facile. MM. Marche et de Compiègne en ont déjà fait la triste exrérience. Si au contraire nous suivons le cours du fleuve, non seulement nous n'épuiserons pas nos forces dans une lutte incessante et pénible contre le courant, mais encore celui-ci nous sera un auxiliaire puissant.

Si malgré toutes les négociations, toutes les tentatives pacifiques, toutes les protestations d'amitié, toutes les avances, les cadeaux, les offres que l'on pourrait faire, il se trouvait un chef (il est à craindre qu'il ne s'en trouve plus d'un), qui non seulement refusât d'entamer des pourparlers, mais encore s'opposât au passage de l'expédition, il faudrait bien songer à s'ouvrir une route. Les hommes seraient alors moins fatigués et mieux disposés à se conduire vaillamment, la retraite étant sinon impossible, du moins fort compromise, fort difficile et fort pénible.

Quelque puéril que puisse paraître de prime abord l'expédient, je crois que, dans ces circonstances, on pourra considérablement atténuer la gravité de la situation en frappant l'esprit superstitieux des indigènes, au moyen de quelques pièces de feu d'artifice, dont on aura soin de se munir, ou par quelques effets d'electricité ou de vapeur, qui seront pour eux autant de phénomènes surnaturels. Dans tous les cas il faut bien se pénétrer de ce principe que ce n'est qu'à la dernière des extrémités, qu'il faut avoir recours aux armes.

Ce projet, il est vrai, présente à priori l'inconvénient de nécessiter pour atteindre les bords de l'Ouellé un long et pénible voyage, puisqu'il s'agit de remonter le Nil. Mais il est bien différent de remonter un fleuve dont le cours est connu, dont les rives jouissent d'une sécurité relative et sur lequel on ne doit lutter que contre le courant, qui est souvent très faible, toutes les conditions de l'existence étant presque assurées d'ailleurs, ou de remonter le courant d'un fleuve inconnu, où il faut non seulement vaincre la force de l'eau, mais se préoccuper de tous les détails de la vie, de la subsistance de chaque jour, de l'esprit et de l'attitude des tribus que l'on traverse, sans savoir où l'on sera, ni ce qui surgira le lendemain ; lutter en un mot contre le fleuve et contre l'inconnu; user en même temps l'énergie de l'ame et la force du corps.

D'ailleurs il reste et restera longtemps encore d'amples moissons de curieux documents de toutes sortes, à récolter dans cette vieille vallée du Nil. Le temps nécessaire à gagner l'Ouellé pourra être très utilement employé. Je crois que ce ne sera ni peine ni temps perdus que ceux consacrés à collectionner sur la route, à se mettre au courant des langues. D'autant mieux que pendant l'année environ que durera cette première partie du voyage, l'on s'acclimatera, l'on s'habituera à cette nouvelle existence, l'on se fera à cette vie de mouvement de fatigue et de privations, aux exigences de la situation. L'on apprendra à se connaître, à reserrer les liens de solidarité qui unissent les membres de l'expéditon. Enfin l'on arrivera chez les Mombouttous fatigués, épuisés peut-être, mais à coup sûr aguerris.

On diminuera les fatigues et les dangers de la route par un traité avec un des commerçants de Khartoum, dont les caravanes sillonnent ces contrées, comme fit Schwenifurth avec Ghattas; ce qui sera d'autant plus facile que ces provinces sont aujourd'hui sous la domination de l'Égypte. Quoique cette domination soit plus nominale qu'effective, les représentants de l'autorité égyptienne n'en seront pas moins d'un puissant secours. Les hommes de cette caravane aideront à franchir les parties marécageuses du fleuve, à sortir de ces lacis inextricables de plantes aquatiques, de ces réseaux flexibles mais indissolubles d'azolles, de pistia, de voitia, et de tant d'autres plantes, dont l'enchevêtrement forme, à l'entrée du lac No, une barrière végétale presqu'infranchissable, sur une longueur de plusieurs milles. Ces marécages se continuent d'ailleurs sur le cours inférieur du Bahr-el-Ghazal, où, heureux présage, de gigantesques nénuphars *bleus, blancs, rouges*, étalent élégamment nos couleurs nationales, semblant ainsi appeler la protection de la France sur ces contrées lointaines.

Ce ne sera qu'au prix d'immenses fatigues et d'efforts persévérants que l'on atteindra le confluent du Djiour.

Pendant le passage de ces marais pestilentiels, il faudra se garder avec soin de ces fièvres paludéennes si meurtrières dans ces pays : à partir de Khartoum, on défendra l'usage de l'eau du fleuve comme boisson. Au-dessus de Khartoum, en effet, le Nil coule à travers de véritables marécages, ses rives sont couvertes sur une longueur de plus de 300 mètres, son courant est très faible, puisqu'il ne dépasse pas 400 mètres à l'heure. L'eau en est nauséeuse et saumâtre, son ingestion est la cause de nombreux cas de fièvre. Même au-dessous de Khartoum, malgré sa jonction avec les eaux vives et limpides du Bahr-el-Azrak, les eaux du Nil-Blanc sont encore désagréables au goût et de mauvaise qualité.

L'on aura donc soin, de Khartoum à l'embouchure du Saubat, d'user, comme boisson, d'eau filtrée au charbon, que l'on fera séjourner pendant quelques heures dans un vase enduit de goudron, ou mieux encore sur des copeaux imprégnés de goudron. L'eau de goudron, même préparée avec une eau suspecte, donne une boisson saine et salutaire, qui n'a rien de désagréable. Le goudron, par l'acide phénique qu'il contient, assainit les eaux chargées de matières organiques, paralyse l'action des matières septiques et même purifie l'air.

A partir du Saubat jusqu'au Bahr-el-Ghazal, le fleuve devenant plus marécageux, l'eau plus mauvaise et plus insalubre, l'on redoublera de précautions. On pourra même ajouter à l'eau de goudron une ou deux gouttes d'acide phénique par litre. On répandra dans les embarcations de l'eau phéniquée qui assainira l'air, en même temps qu'elle éloignera les moustiques, qui sont une des plaies du pays.

Enfin, deux ou trois grammes d'extrait de quinquina, ou un verre à liqueur de teinture de quinquina chaque jour. pendant la traversée des marais, donneront de sérieuses chances d'immunité, même aux étrangers qui visitent pour la première fois ces pays.

Au-dessus du confluent du Bahr-el-Arab et du Bahr-el-Ghazal, la navigation devient libre; elle n'est plus entravée par ces inextricables enchevêtrements de plantes, qui la rendent si difficile sur le cours inférieur.

La navigation du Djiour présente bien aussi quelques difficultés. Je la crois cependant plus facile que celle du Bahr-el-Ghazal. Le Djiour est un fleuve important, dont le cours est de plus de 350 milles. C'est un des tributaires les plus considérables du Nil. Ses eaux transparentes et poissonneuses peuvent fournir un appoint important à l'alimentation. Si sa navigation se trouve parfois entravée par son passage à travers des rochers, il n'en est pas moins vrai que son lit est suffisamment large et profond. pour permettre, sinon une navigation toujours facile, du moins un halage moins pénible, dans les endroits difficiles, que le traînage sur les herbes du Nil et du Bahr-el-Ghazal. Aux plus basses eaux, la rivière a un minimum de quatre pieds de profondeur. On suivra son cours, qui prend plus haut les noms de Geddi et de Soulé, jusqu'à son confluent avec l'Ioubbo, dont les eaux sont profondes, et dont la largeur n'est pas inférieure à 50 pieds, aux plus basses eaux.

Ce nouveau cours d'eau nous conduira au Lindoukou, rivière relativement importante, qui lui apporte les eaux de plusieurs ruisseaux. Le Lindoukou, venant du Sud, par son cours inférieur, nous conduira au pied d'une cataracte, d'où il se jette d'une hauteur de

30 pieds sur des rochers de gneiss. C'est le point extrême à atteindre dans le bassin du Nil. Sept ou huit kilomètres seulement nous séparent encore du Mbrouellé ; malheureusement ce court espace est accidenté et présentera bien des difficultés au transbordement.

En somme, à part le climat, cette première partie du voyage ne présentera guère que des obstacles naturels, qui sont fort pénibles, mais qui ne résistent jamais à une volonté ferme et persévérante, surtout si l'on a soin de profiter de la crue des eaux.

Il faut en effet considérer que l'on agira en pays relativement connu, au milieu de populations en contact journalier avec les peuples civilisés ; que l'on suivra un itinéraire presque tracé ; que l'on n'aura guère à redouter le manque de vivres ; que l'on trouvera facilement chez les indigènes le complément de l'alimentation, que fourniront en abondance le poisson des rivières et le gibier des plaines.

L'alimentation végétale ne manquera pas, car un grand nombre de céréales, le sorgho, le dokhn, le maïs, l'éleusine et même le froment y sont en pleine culture. Le riz, si je ne me trompe, a dû y être importé depuis quelques années, car le pays lui est très propice.

On trouve aussi comme légumineuses plusieurs espèces de haricots. Enfin, notre indispensable pomme de terre y est avantageusement remplacée par l'helmia, qui présente avec elle la plus grande analogie, et surtout par l'igname, dont les lourds tubercules de 50 à 80 kilogrammes lui sont incontestablement supérieurs comme saveur et comme aliment.

Les fruits sont abondants.

Ce n'est donc, je le répète, pour arriver à l'Ouellé, qu'une question de volonté, de persévérance et de temps.

Durant ce voyage il conviendra d'établir, avec les différentes tribus, des rapports amicaux ; leur apprendre à connaître et à respecter le nom et le drapeau de la France. Il faudra s'efforcer de s'attacher quelques sujets jeunes et intelligents, les déterminer à suivre l'expédition, en leur offrant des cadeaux, en leur promettant de les faire reconduire chez eux avec beaucoup de richesses, après les avoir initiés aux grandeurs de la civilisation européenne.

Ces jeunes gens, soustraits à l'influence de la démoralisation de leurs congénères, se formeront au contact de leur nouvelle société ; ils rendront de grands services à l'expédition, par la connaissance qu'ils ont du pays. Grâce à eux, les rapports avec les habitants deviendront plus faciles, plus bienveillants, plus cordiaux. Lorsqu'ils auront vécu quelques années en France, ils rapporteront dans leur pays, avec une nouvelle expédition, un peu de la civilisation qui les aura transformés, et l'amour de la France, qui sera pour eux une nouvelle patrie. L'on établira ainsi avec chacune de ces tribus des relations amicales, l'on formera autant de foyers de civilisation et de propagation de notre langue. L'influence de la France s'étendra ainsi pacifiquement sur une immense étendue de pays.

Il est aujourd'hui avéré que les Européens ne sauraient songer à exploiter, à cultiver, en un mot, à coloniser ces pays si fertiles et si remplis de richesses de toutes sortes, mais d'où les éloigne un climat meurtrier. C'est donc par les indigènes eux-mêmes qu'il faut y faire apporter la civilisation.

L'Ouellé atteint, on donnera aux hommes quelques semaines de repos. Pendant ce temps, ils remettront en état le matériel, qui aura certainement subi des avaries, et se prépareront à la seconde partie du voyage. Le chef de l'expédition explorera le pays, recueillera le plus de renseignements possible. Peut-être pourra-t-il rechercher les sources de l'Ouellé, en remontant le fleuve en pirogue avec des indigènes et quelques hommes d'escorte seulement, ou en suivant à pied les bords de la rivière. Il serait curieux d'éclaircir cette question, d'un intérêt plus scientifique que commercial (¹).

On tachera de fonder chez les Momboultous ou chez les Niams-Niams, sous la protection du drapeau français, une station qui servirait de base d'opération et d'établissement hospitalier, tant pour l'expédition elle-même que pour les explorations ultérieures. Après avoir réglé ses comptes avec le chef de la caravane, qui aura protégé l'expédition depuis Khartoum, lui avoir remis une copie du journal, établi des relations amicales chez ces peuples, assuré l'influence de la France dans ces pays, enrôlé quelques jeunes volontaires, l'on descendra le Mbrouellé jusqu'à sa jonction avec l'Ouellé. Si l'on a

(¹) Les frères Poncet disent que l'Ouellé (Birboura) sort de l'Albert Nyanza. Ils établissent ainsi une communication entre le Niger et le Nil. L'altitude de l'Albert Nyanza, situé à 1097 mètres au-dessus du niveau de la mer, d'après les observations de Mackay et Smith (août 1878), permet certainement cette hypothèse, puisque l'Ouellé, vers 26° longitude orientale, n'est plus qu'à 900 mètres au-dessus du niveau de la mer. Mais il est fort probable que, si cette hypothèse est fondée, le fleuve doit s'échapper du lac par quelques gorges des Montagnes Bleues et présenter une navigation absolument impraticable. Il faudrait donc, quand même, chercher ailleurs une voie commerciale, si tant est que cette communication existe. (*Note de l'Auteur.*)

réussi à s'attacher quelques indigènes, pendant cette première partie du voyage, on se procurera des pirogues en nombre proportionnel à l'importance des enrôlements.

Ici commence un rôle différent. Plus de routes tracées ; l'inconnu, le mystère dans toute sa profondeur.

Rien cependant ne nous fait suppposer que la navigation par elle-même doive être difficile. Le fleuve est large et profond, et ce que nous en savons des frères Poncet, de Schweinfurth, de Miani, nous permet d'espérer que nous ne trouverons pas sur son cours ces infranchissables cataractes qui ont si gravement compromis l'exploration de Stanley sur le Congo. Malheureusement il est à craindre que nous ne trouvions chez les habitants la même hostilité, la même férocité que chez les cannibales du Livingstone (1).

Il ne faut pas se faire illusion, il surgira de grandes difficultés. Au premier rang, je place l'hostilité et la sauvagerie de ces hordes féroces et anthropophages, dont le faki Sambo a fait un si triste tableau. Mais en songeant à l'effet que produisit sur l'esprit des indigènes l'allumette chimique d'Abd-es-Samatte, on se trouve naturellement porté à tirer parti de l'ignorance de ces sauvages superstitieux. C'est en prévision de leur attitude hostile, que je crois utile de se munir de quelques pièces de feu d'artifice. Sans leur faire aucun mal, par des moyens qui nous semblent puérils, on jettera une telle frayeur dans leur esprit, que je ne doute pas de les voir abandonner immédiatement le terrain. Les sifflements aigus d'une machine à vapeur et ses tourbillons de fumée sortant du sein des eaux, contribueront puissamment à compléter la déroute.

Si l'on ne parvient pas à établir des relations amicales, il est certain que, grâce à ces artifices, on pourra sans trop de difficultés forcer le passage, dût-on appuyer ces moyens inoffensifs de l'argument plus solide des armes à feu.

On se dirigera donc, en suivant le fleuve, de tribu en tribu. On s'y présentera avec des cadeaux, non plus en explorateurs, mais en commerçants, pour ne pas éveiller la méfiance de ces esprits ombrageux. On échangera les articles européens, les étoffes, les verroteries, les bijoux, etc., etc., contre les produits du pays, principalement l'or et l'ivoire. L'ivoire y est en effet d'une extrême abondance, les preuves en sont tellement nombreuses et certaines que je crois inutile de les exposer

____

(1) Les documents du Dr Palagos et les renseignements recueillis de la bouche de Zouber-Pacha, qui a descendu le fleuve jusqu'à son confluent avec la rivière de Sabanga, nous autorisent à considérer la navigation comme facile. *(Note de l'auteur.)*

ici. L'or paraît aussi y être largement répandu. Nous savons que les rivières de la côte occidentale de l'Afrique, surtout celles du Golfe de Guinée, roulent des sables aurifères très riches. Nous savons que la poudre d'or est très commune sur les bords du Niger et de ses affluents. Ils la roulent en grande quantité. Ces rivières traversent donc des gisements aurifères.

D'autre part Brun-Rollet, qui a fait longtemps le commerce sur les bords du Nil et dans les pays de l'ouest, nous apprend qu'il y aurait à 45 journées de marche au sud du Darfour des montagnes aurifères extrêmement riches, où l'on trouve des pépites fort grosses et où les habitants échangent au poids de l'or les articles qui leur sont apportés des pays civilisés. Il y a aussi des mines de cuivre fort riches. Quant à l'ivoire, dit-il, son abondance est si grande qu'il n'y a aucune valeur. Il cite l'exemple d'un présent de 240 quintaux d'ivoire fait à un voyageur, ce qui représenterait pour nous une valeur d'environ 250,000 francs. L'Ouellé se trouve à environ 45 à 50 journées de marche au sud du Darfour. Il coulerait donc aux pieds de ces montagnes aurifères.

L'exploration purement scientifique de la première partie du voyage sera donc transformée en exploration commerciale. Ce sera tout à la fois un moyen de se faire bien venir des habitants, qui ouvriront plus volontiers leur pays à des commerçants qu'à des explorateurs, dont ils ignorent les intentions et dont ils ne comprennent pas le but, et en même temps un moyen de couvrir les frais de l'exploration, qui pourra ainsi constituer une opération des plus lucratives.

Dans chaque tribu on fera des incursions dans le pays, accompagnés d'indigènes que l'on s'attachera par des cadeaux. On pourra ainsi contrôler par soi-même les renseignements que l'on aura recueillis. Le matériel restera sur le fleuve, sous bonne garde, car il ne faut jamais dans ces expéditons se départir de la plus extrême prudence.

Outre l'hostilité prévue des populations, il surgira beaucoup d'autres difficultés. Parmi celles que l'on peut prévoir, la plus redoutable est, je crois, le passage du lac Liba, qui est aux trois quarts marécageux, d'après les frères Poncet. L'entrée sera sans doute obstruée par les marécages, qui seraient un obstacle infranchissable, si l'on remontait le fleuve, car l'embouchure du cours d'eau serait difficile à découvrir. Mais la direction étant donnée par le courant de l'eau, j'espère que cet obstacle, quelque considérable qu'il soit, ne sera pas infranchissable.

On cherchera à faire la circumnavigation du lac. Si ces marécages n'existent pas, on relèvera avec soin les cours d'eau qui s'y jettent et qui en sortent. Si les circonstances le permettent, on explorera les principaux, surtout au point de vue des communications qui peuvent exister entre les bassins de la Benouée, du Scharry, du Nil, du Congo et de l'Ogôoué.

Malheureusement l'opinion que le lac Liba est marécageux, qu'il est comme le Bangueolo, en partie formé de prairies inondées, paraît appuyée sur des documents plus anciens que ceux des frères Poncet, puisque des cartes de vingt et trente ans de date, inscrivent dans ces parages de vastes marécages, que l'on retrouve encore sur les cartes classiques de 1876. On en fait même sortir un affluent du Congo ou le Congo lui-même.

Je ne m'arrêterai pas plus longtemps sur cette seconde partie du voyage, où tout sera imprévu. Les suppositions que nous pourrions faire n'auraient d'autre effet que d'augmenter le nombre des déceptions. Je le répète ici, c'est l'Inconnu, c'est le Mystère.

Tel est le projet, susceptible de modifications, que j'ai l'honneur de proposer à la Société de Géographie. Cette exploration est hérissée de difficultés et de périls, mais ne me semble pas dépasser les limites de la puissance de l'homme.

Je ferai observer que le Djiour. que je propose de suivre, n'est pas appelé à devenir la voie commerciale du centre de l'Afrique. Ce rôle est certainement réservé au Bahr-el-Arab, qui pénètre plus directement au centre du continent et dont l'importance est beaucoup plus considérable que celle du Bahr-el-Djiour, puisqu'à 350 milles de son embouchure, il est encore assez profond pour n'être guéable en aucune saison.

Si je ne propose pas de suivre le cours du Bahr-el-Arab, pour gagner l'Ouellé, c'est d'abord parce que son cours est interrompu par un encombrement presqu'infranchissable d'herbes aquatiques, sur une longueur de plusieurs journées de marche ; c'est ensuite parce que nous ignorons encore son origine et la distance qui le sépare de l'Ouellé. Mais si des renseignements nouveaux venaient éclaircir la question, il serait peut-être, et même probablement préférable de suivre son cours plutôt que celui du Djiour. Si le lac Liba communique avec le Nil, c'est par le Bahr-el-Arab certainement que se fait la communication. Si, comme le dit Nachtigal, le Tchad se déverse dans le Nil, c'est encore le Bahr-el-Arab qui en est le déversoir (1).

(1) Le Dr Palagos attribue au Boro, que Schweinfurth n'aurait pas connu, ce que ce dernier voyageur a dit du Bahr-el-Arab. Il applique le nom de Bahr-el-Arab à une rivière parallèle coulant à quelques lieues plus au nord et donnant naissance au Fakam.

(Note de l'auteur).

Je terminerai en appelant de nouveau l'attention de la Société de Géographie sur l'importance de cette exploration, tant au point de vue scientifique, qu'au point de vue de notre avenir national en Afrique.

En fixant le cours de l'Ouellé, on tranchera la question du régime des eaux de l'Afrique équatoriale.

En apportant la civilisation dans ces pays, notre puissance s'y développera. Nous serons les arbitres de ces peuples. Notre intervention dans leurs palabres rendra notre influence souveraine. En les sortant de leur sauvagerie, de leur misère, en leur apportant un peu de bien-être, de paix et de tranquillité, nous gagnerons leur reconnaissance et leurs sympathies. Nous les amènerons facilement à accepter, peut-être même à solliciter le protectorat, la suzeraineté de la France. Or le protectorat d'une nation civilisée sur une race inférieure, n'est qu'une forme de la conquête.

Quoique l'on se plaise à faire prévaloir les avantages que les Anglais retirent de leur attitude fière et hautaine vis-à-vis des peuples sous leur domination, auxquels ils inspirent une crainte salutaire, je persiste à croire qu'il vaut mieux se faire aimer que se faire craindre. Notre mission doit être toute pacifique. En apportant la civilisation dans ces pays, nous ferons plus par notre douceur et notre bienveillance que l'on ne ferait par la violence et la force des armes. Notre œuvre sera plus durable. L'Angleterre s'est rendue puissante en Asie par la conquête des Indes, il appartient à la France de remplir un rôle plus grand, plus noble et plus généreux, celui de s'attacher les peuples de l'Afrique par les bienfaits de la civilisation.

Ce serait une insouciance coupable, que de nous désintéresser des choses de l'Afrique, pendant que toutes les autres puissances y fondent à l'envi des comptoirs. Il est plus que temps que la France prenne part à ce grand mouvement d'exploration et de colonisation, si elle ne veut pas trouver toutes les places occupées. Nous ne devons pas nous laisser devancer sur cette terre promise par les Anglais, les Allemands, les Belges ; il faut qu'un jour, de l'Atlantique à l'Océan Indien, de l'Equateur à la Méditerranée, l'Afrique soit française.

L. LACROIX.

Le Bureau de la Société de Géographie de Lille et le Bureau central de l'*Union Géographique du Nord* recommandent le mémoire et le projet de M. Lacroix à l'attention de tous les membres de l'*Union* et de tous les lecteurs du Bulletin.

Ils le soumettent particulièrement à l'examen et aux réflexions de toutes les Sociétés de Géographie françaises; les observations, les objections, les avis favorables, seront accueillis avec une égale reconnaissance. Il importe qu'une discussion approfondie s'établisse autour d'un projet sérieusement étudié, qui peut aboutir aux plus glorieux résultats pour la science et pour la France.

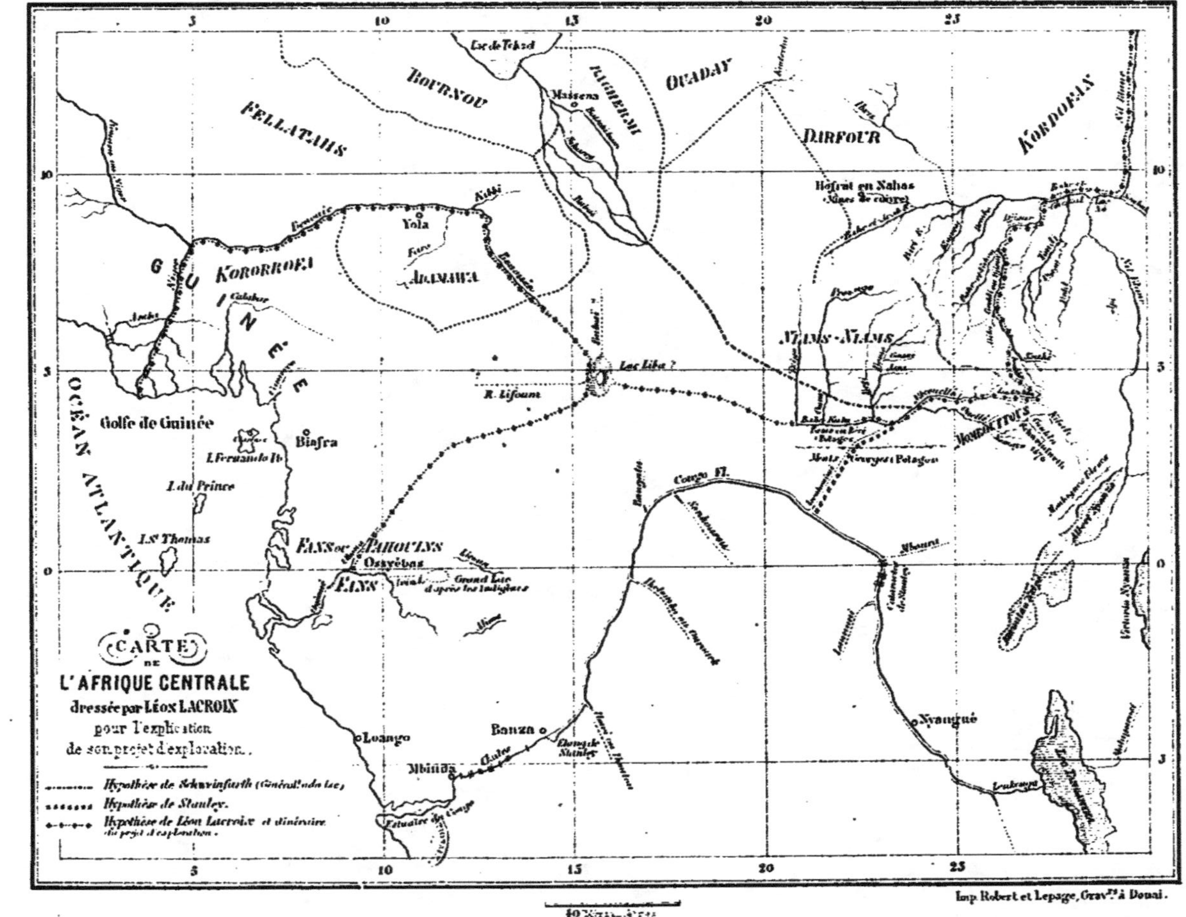

CARTE
DE
L'AFRIQUE CENTRALE
dressée par Léon LACROIX
pour l'explication
de son projet d'exploration.
Hypothèse de Schweinfurth (Générall. des lac)
Hypothèse de Stanley.
Hypothèse de Léon Lacroix et itinéraire
du projet d'exploration.
OCÉAN ATLANTIQUE
Golfe de Guinée
GUINÉE
KORORROFA
FELLATAHS
BOURNOU
OUADAY
DARFOUR
KORDOFAN
Lac de Tchad
ADAMAWA
Yola
Kibbi
Calabar
Biafra
I. Fernando P°
I. du Prince
I. S.t Thomas
Lac Libo ?
R. Lifoum
NIAMS-NIAMS
MONBOUTTOUS
Maisons
Bahel
Bofrat en Nahas
FANS ou PAHOUINS
Ossyebas
FANS
Grand Lac
d'après les indigènes
Congo Fl.
Bangates
Mbouet
Monts Bourges et Pelagos
Loango
Banza o
Mbinda
Chutes de Stanley
Cataractes de Stanley
Nyangué
Leukenga
Victoria Nyanza
Imp. Robert et Lepage, Grav.rs à Douai.
40 Kilomètres

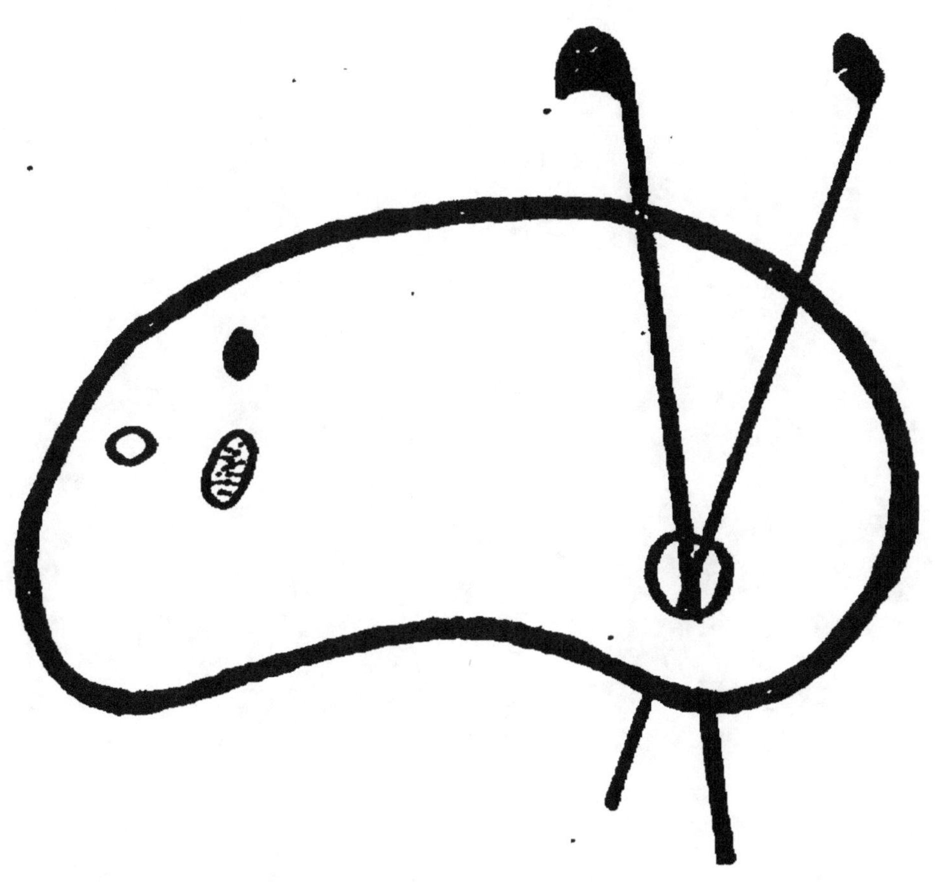

ORICINAL EN COULEUR
HF Z 43-120-8